INTÉRÊTS

DE LA FRANCE

DANS L'INDE.

INTÉRÊTS DE LA FRANCE DANS L'INDE,

CONTENANT

1.º L'INDICATION DES TITRES DE PROPRIÉTÉ DE NOS POSSESSIONS D'ASIE ;

2.º LES ÉPOQUES DE NOS SUCCÈS ET DE NOS REVERS DANS CES CONTRÉES ;

3.º LES ACTES RELATIFS A LA RÉTROCESSION DE NOS ÉTABLISSEMENS APRÈS LA PAIX DE 1783.

Par P. LABARTHE,

Ancien Chef du Bureau des Colonies orientales au Ministère de la Marine et des Colonies, et pensionné de ce département.

Supplebunt quodcumque deest.

A PARIS,

DE L'IMPRIMERIE DE DIDOT JEUNE.

1816.

AVERTISSEMENT.

L'histoire des établissemens des Européens en Asie a exercé la plume d'un
grand nombre d'écrivains.

Parmi les Français, on remarque l'historien des Indes orientales (l'abbé Guyon),
et surtout Raynal, dont l'ouvrage embrasse les possessions des Européens dans
les deux Indes.

Parmi les Anglais, nous citerons l'Histoire des guerres de l'Inde, et la Description de l'Indoustan, du major Rennel.

Il existe d'ailleurs des productions estimées, mais qui ont plus de rapport aux
mœurs, aux usages de ces peuples, qu'à
leurs intérêts politiques ; nous en avons
indiqué quelques-unes dans les notes à la

suite de l'ouvrage (1) que nous avons publié l'année dernière. Nous n'avons jamais pu comprendre par quelle raison on dédaignerait de citer les auteurs et les ouvrages dont on s'est servi.

Quant à nous, nous n'hésitons pas à convenir des sources dans lesquelles nous avons puisé les renseignemens que nous offrons. Nous avons principalement compulsé les Mémoires de l'ancienne Compagnie des Indes françaises, et les manuscrits déposés dans les archives du ministère de la marine et des colonies.

On retrouvera dans ces Mémoires,

1.º L'origine de nos établissemens en Asie, et les titres qui assurent les droits des Français;

2.º Les époques de nos succès et de nos revers dans ces contrées;

3.º Les actes relatifs à la rétrocession

(1) Harmonies maritimes et coloniales, contenant un Précis des Etablissemens français en Amérique, en Afrique et en Asie. *De l'imprimerie de* DIDOT *jeune.*

de ces mêmes établissemens après la paix de 1783.

Nous serons trop heureux si le recueil de ces matériaux peut servir à établir un système d'administration tel, que la France puisse recouvrer dans l'Inde la splendeur et la prépondérance que lui avaient acquises les Dumas, les Dupleix et les La Bourdonnais.

INTÉRÊTS DE LA FRANCE

DANS L'INDE.

NOTIONS PRÉLIMINAIRES.

Les droits des Français dans l'Inde ont une origine aussi flatteuse qu'honorable pour la nation. Nous tenons, en effet, nos établissemens de la concession gracieuse et volontaire des princes à qui ils appartenaient, tandis que les autres peuples de l'Europe ne doivent ceux qu'ils possèdent qu'à la violence et à la destruction.

Ces faits, consignés dans les archives du ministère de la marine et des colonies, acquerront plus de force par l'exposé des *titres de propriété* de chacun de nos établissemens, par l'analyse des discussions qui se sont élevées lors de la rétrocession de nos possessions en Asie après la paix de 1783, discussions pour la plupart résolues à notre avantage.

Le rapprochement et la nature de ces titres et des pièces à l'appui prouvent d'une manière péremptoire nos droits sur ces contrées. Telles sont les bases sur lesquelles reposent les intérêts de la France dans l'Inde.

Lorsqu'on veut se pénétrer de ces intérêts, il importe de remonter aux époques des concessions de nos établissemens, de rechercher les causes de nos succès et de nos revers dans ces contrées.

Ces époques peuvent se réduire à trois.

La première embrasse l'intervalle qui s'est écoulé depuis l'année 1676, temps où le pavillon français flotta pour la première fois à Pondichéry, jusqu'en 1754, où Dupleix quitta l'Inde. Cet intervalle offre une série de jours de gloire, l'accroissement d'une existence politique telle, qu'elle faisait réjaillir sur la nation française le respect et l'admiration des Indiens.

Jamais, en effet, la France n'a eu un aussi grand éclat dans l'Inde que sous le gouvernement de Dupleix ; alors les Français étaient les maîtres des côtes de Coromandel et d'Orixa, dans un espace de deux cents lieues ; leur puissance comprenait, en outre, les possessions mogoles dans une vaste étendue.

La seconde époque s'étend depuis 1755 jusqu'à 1778 ; c'est le temps de nos malheurs , de la ruine de nos établissemens , de l'anéantissement de notre commerce.

La troisième époque enfin comprend les événemens arrivés depuis la reprise de possession de nos établissemens dans l'Inde , après la paix de 1783 , jusqu'en 1793 , temps où Pondichéry tomba au pouvoir des Anglais.

Avant de retracer les événemens qui embrassent ces trois époques , nous croyons devoir présenter la nomenclature succincte de nos possessions dans l'Inde , et l'indication des titres de propriété qui assurent nos droits dans ces contrées.

Titres de Propriété, et Droits des Français dans l'Inde.

Les possessions des Français en Asie sont :

Pondichéry , à la côte de Coromandel , avec un arrondissement composé des deux districts de Villenour et de Bahour.

Karikal , *idem* , et les quatre manganams qui l'avoisinent.

Yanaon , à la côte d'Orixa.

Chandernagor et dépendances , au Bengale.

Mahé , à la côte Malabar.

Nous avions également desagens

A MAZULIPATNAM (côte de Coromandel),
A CALICUT (côte Malabar).

SURATE, dans le golfe de Cambaye,
MASCATE, dans le golfe Persique,
MOKA, dans la mer Rouge,
CANTON, en Chine,

Nous offraient des points importans pour nos relations commerciales.

Parcourons rapidement ces divers points.

PONDICHÉRY.

Les droits des Français sur Pondichéry remontent à 1676, époque à laquelle Martin, agent de la compagnie des Indes, y bâtit un fort.

Il acquit la concession de ce pays de Chircam-Loudi, gouverneur, sous l'autorité du roi de Visapour, ami déclaré de la nation française.

La compagnie française des Indes orientales fut maintenue dans ses droits par un firman de Raganat Pendit, général pour le Raja Sivagy, du 15 juillet 1680 (1). Martin fit, à cette occasion, un présent de 500 pagodes.

(1) Histoire de la Compagnie des Indes orientales, par *Guyon*, tom. 3, pag. 221.

Les Hollandais s'emparèrent de Pondichéry en 1693 ; ils rendirent la place en 1698, après la paix de Riswik.

En 1701 (1), la compagnie des Indes en fit le centre de ses opérations commerciales. Elle obtint le droit de battre monnaie (2).

Les concessions des Français dans l'Inde furent très-limitées jusqu'en 1749.

Alors Dupleix commandait.

Ce gouverneur ayant reconnu Chandasaëb nabab d'Arcate, ce nabab fit don (3) à la compagnie française du paragané de Villenour, avec les quarante aldées en dépendantes. Il y annexa sept Joukans.

D'un autre côté, le souba du Dekan Mouzaferzingue concéda (4) le district de *Bahour*, composé de 36 aldées.

Dupleix obtint d'ailleurs, en décembre 1750, la forteresse de *Valdaour* avec ses dépendances, pour en jouir à titre d'usufruit.

En 1753, il est nommé gouverneur du Car-

(1) Lettres patentes du mois de février 1701.

(2) Firman de Mahomet-Sha, empereur du Mogol.

(3) 13 juillet 1749 (paravana du). *Voy.* Mémoires de Dupleix, n.º 1 des pièces justificatives.

(4) 15 octobre 1749 : concession faite par le souba du Dekan.

nate, avec l'abandon fait par Salabetzingue des quatre provinces du nord ; savoir : Elour, Moustafanagar, Ragimandrie, et Chicacol.

Le rappel de Dupleix en 1755 fit perdre à la compagnie les avantages que ce grand homme avait procurés.

Cependant, on voit qu'elle a prélevé, par ses agens, jusqu'en 1760, les droits des aldées de Villenour, de Bahour, et des sept joukans.

Le traité de Paris (1763) nous réduisit à un état cruel d'abaissement.

Nos succès dans l'Inde, en 1782, rendirent notre position un peu moins fâcheuse.

Le traité de 1783 porte, article xiv, que les districts de Villenour et de Bahour seront rendus à la France, *pour servir d'arrondissement à Pondichéry*.

Nous avons bien recouvré *Villenour* et les aldées qui en dépendent.

A l'égard de *Bahour*, on nous a rendu *une* aldée, au lieu d'un district composé de trente-six aldées.

Vainement avons-nous réclamé en 1783.

Les traités de Paris des 30 mai 1814 et 20 novembre 1815 renouvellent les dispositions de celui de 1783.

La restitution de nos établissemens étant une

des dispositions de ces traités, nous rentrons dans nos droits, qu'une erreur topographique n'a pu nous faire perdre.

Dans l'état actuel des choses, le territoire de Pondichéry offre deux lieues au sud et à l'ouest, tandis qu'au nord les limites ne s'étendent qu'à une lieue.

Il importe donc de bien déterminer les limites affectées par les expressions *districts de Ville-nour et de Bahour.*

KARIKAL.

Karikal est situé à trente lieues sud de Pondichéry.

Le territoire français, dans cette partie, était d'abord composé de quatorze aldées ; nous avons réuni ensuite les quatre manganans ou districts, dont le terrain est bien supérieur à celui de ces aldées.

La première conquête de ce territoire est due à M. Dumas, alors gouverneur de Pondichéry.

Ce gouverneur avait fourni des secours au roi de Tanjaour. Ce prince, en reconnaissance, offrit de donner la ville de Karikal avec les terres en dépendantes.

L'acte de cession est du mois de juillet 1738.

Les instigations des Hollandais firent éluder

l'exécution de ce traité. Les Français, aidés du nabab Chandasaëb, en prirent possession le 14 février 1739.

En 1750 et 1751, la concession fut portée à quatre-vingt-une aldées par le souba du Dekan Mouzaferzingue.

Les guerres de 1755 à 1778 nous enlevèrent nos possessions à la côte de Coromandel; mais, par le traité de 1783 (art. XIV), nous sommes rentrés en possession du territoire de Karikal.

YANAON.

Yanaon dépend de la province de Ragimandrie, un des quatre cerkars du nord.

Cette province nous avait été cédée en 1753.

Nous l'avons perdue par le traité fait par Godeheu, en 1754, avec la compagnie anglaise. Cependant nous avons conservé Yanaon, où nous avons un comptoir.

Ce droit a été confirmé par le traité de 1783 (art. XIII).

CHANDERNAGOR.

Situé à quatre cents lieues environ au nord de Pondichéry, Chandernagor est le chef-lieu de nos établissemens au Bengale.

On ne connaît point le titre primitif d'après lequel l'ancienne compagnie des Indes a formé ce comptoir. On voit seulement, par les lettres patentes du mois de février 1701, qu'alors le comptoir d'Ougly (1) faisait partie de nos établissemens ; et par le nom d'*Ougly*, qui est celui du pays, on entendait *Chandernagor* (2).

Quoique fort intéressant par sa situation, ce comptoir était très-négligé dans le principe.

En 1731, Dupleix y fut envoyé en qualité de directeur : dès-lors il prit de l'accroissement ; il se soutint dans un état florissant jusqu'à l'époque de la conquête du Bengale par les Anglais, en 1756. L'année suivante (1757), il tomba en leur pouvoir.

Il a subi le même sort en 1780 et 1793.

Le traité d'Amiens (1802) nous donnait la faculté d'y rentrer, aux conditions portées par l'article XIII du traité de Versailles, c'est-à-dire la liberté d'entourer d'un fossé pour l'écoulement des eaux ! !

Nous devons espérer que les traités de Paris des 30 mai 1814 et 20 novembre 1815 seront plus *loyalement* exécutés que celui de 1783.

(1) Histoire de la Compagnie des Indes, page 280.

(2) *Voyez* Lullier (Voyages de), page 64.

Gharatty, maison de plaisance, est comprise dans la dépendance de Chandernagor.

La compagnie des Indes la possédait en 1749.

Après la paix de 1783, on a cherché à élever des doutes sur les titres de la France; mais la discussion nous a été favorable. Par la convention signée à Versailles le 31 août 1787, le gouvernement britannique ayant reconnu les droits des Français sur les factoreries du Bengale et sur les territoires appartenant auxdites factoreries, Gharatty y est compris implicitement.

Cette même convention assure aux Français la possession des six anciennes factoreries, savoir Chandernagor, Cassimbazard, Dacca, Jougdia, Balaçor, Patna, avec leurs territoires, qui seront sous la protection du pavillon français, et auront juridiction française.

Elle assure également la possession de nos anciennes maisons de commerce, Choupour, Kirpaye, Cannicola, Monnepour, Sirampour, Chatigan.

L'article V ajoute les maisons de Gautjural, Allende, Chinzabad, Patorcha, Mohimpure, et Dollobady.

Mais ces maisons seront soumises à la juridiction ordinaire du pays, qui s'exerce sur les sujets britanniques.

Cette même convention règle les droits d'importation et d'exportation au Bengale, le commerce du sel, l'exportation du salpêtre et de l'opium.

CALICUT.

Sur la côte Malabar, dans les états du roi Samorin.

La compagnie des Indes y avait une loge et des magasins ; elle en tirait du poivre. Cette épicerie était portée à Mahé.

MAHÉ.

L'établissement des Français à Mahé remonte à 1722.

La compagnie obtint la libre et paisible jouissance du territoire, moyennant un droit à la sortie des poivres, qui forme une des branches les plus importantes du commerce de la côte de Malabar.

Mahé de La Bourdonnais avait une prédilection particulière pour cet endroit. Il substitua son nom à celui de *Mayé*.

Les Anglais ont entièrement détruit cet établissement en 1779, sans doute en haine de la prise de Madras par La Bourdonnais, en 1746. Nous reprîmes possession de Mahé en 1785 ; il est tombé de nouveau au pouvoir des Anglais, en 1793.

La conquête des états de Tipou-Sultan (1) devait apporter des changemens à nos relations commerciales. Le prince dans le territoire duquel était situé notre comptoir est resté soumis à l'héritier présomptif du Maissour.

Il importe de ne pas négliger un poste aussi intéressant.

SURATE.

Avant la guerre, nous avions un comptoir à Surate.

Les Français s'y établirent en 1665.

En 1670, l'empereur Aurengzeb accorda à l'ancienne compagnie des Indes deux terrains attenant les murs de la ville.

Surate fut le centre du commerce de la com-

_____

(1) C'est une grande faute de notre part de n'avoir pas prêté des secours à Tipou-Sultan, qui s'était montré un allié si fidèle, et dont la mort (4 mai 1797) a fait passer dans les mains de nos ennemis les possessions de ce prince.

pagnie jusqu'en 1701, qu'il fut transféré à Pondichéry ; dès-lors les relations des Français avec
Surate s'affaiblirent de jour en jour ; malgré la
prépondérance acquise par les Anglais en 1759,
le commerce français jouit à Surate de fran-
chises qu'il importe de maintenir. Les droits
d'importation et d'exportation ne sont que de
3 $\frac{1}{4}$ pour cent.

MASCATE.

Souvent l'iman de Mascate a exprimé le vœu
d'avoir des rapports de commerce avec nos établissemens d'Asie ; il serait intéressant d'y avoir
un agent.

MOKA.

Nous avons eu une loge à Moka ; elle devient
intéressante pour nos relations par Suez.

CANTON.

Le commerce des Français à la Chine remonte
à l'année 1685.

Ce n'est que dans l'année 1698 que la compagnie des Indes établit une loge à Canton.

Lors de la rétrocession, en 1764, au Gouvernement, des établissemens français à l'est du Cap de Bonne-Espérance on créa un agent à Canton.

En un mot, tous ces comptoirs ou loges ont un rapport direct avec les établissemens français en Asie, tant pour le commerce que pour la politique. Il importe qu'ils restent sous la direction des agens généraux de la marine sur le continent asiatique, ainsi qu'ils l'ont toujours été.

Nous allons maintenant offrir l'exposé des différentes époques.

PREMIÈRE ÉPOQUE.

Existence politique des Français dans l'Inde.

Malgré l'état d'abaissement dans lequel la France se trouve dans l'Inde depuis 1761, il sera permis de se rappeler les temps où Dupleix, déployant, à Pondichéry, les talens d'un administrateur consommé, jeta les fondemens du superbe édifice que son génie voulait élever dans l'Inde à la majesté et à la puissance de la nation.

En rappelant les actes de l'administration de Dupleix, on reconnaîtra quelle fut la base de son système. Nous essaierons donc de présenter sa conduite, soit avant, soit depuis sa nomination au gouvernement de Pondichéry.

PARAGRAPHE PREMIER.

Dupleix dans l'Inde avant sa nomination comme gouverneur de Pondichéry.

Ce fut en 1719 que Dupleix entra au service de la nouvelle compagnie des Indes. Connu avantageusement des membres de cette compagnie, il obtint les titres de *premier conseiller du conseil supérieur*, et de *commissaire des guerres.*

Dupleix arriva à Pondichéry en 1720. M. Le Noir était alors gouverneur de cet établissement ; il connut bientôt à fond celui qui devait un jour contribuer à la gloire de la nation ; il le chargea de dresser toutes les dépêches pour les parties du globe où s'étendaient les relations de la compagnie, et Dupleix remplit cette commission avec succès.

En 1731, la compagnie confia à Dupleix la direction du comptoir de Bengale, qui devint bientôt plus florissant qu'il ne l'avait été ; la colonie se multiplia, et il y porta au plus haut degré le crédit de la compagnie. Des services si essentiels lui méritèrent le gouvernement général des établissemens français dans l'Inde.

§ II.

Dupleix dans l'Inde depuis sa nomination au commandement de Pondichéry jusqu'à son rappel, en 1754.

La guerre déclarée en 1744 ayant interrompu le commerce et mis la compagnie dans l'impossibilité de faire passer des fonds, le nouveau gouverneur y suppléa de sa bourse et de son crédit; il fortifia Pondichéry, et mit cette place en état de résister aux Anglais lorsqu'ils l'assiégèrent en 1748, tellement qu'après quarante jours de tranchée ouverte, ils furent contraints d'en lever le siége.

La belle défense que fit Dupleix lui acquit un honneur infini; ce gouverneur fut complimenté, de la part de tous les princes du Coromandel, sur sa valeur et sur la gloire militaire de sa nation, qui, depuis cet événement, fut long-temps regardée, dans l'Indoustan, comme supérieure à toutes les autres.

En janvier 1749, on apprit, à Pondichéry, la nouvelle de la cessation des hostilités, publiée dès le mois d'avril précédent, entre la France et l'Angletere : dès-lors il était naturel de penser que les deux compagnies reprendraient tranquillement les opérations de leur commerce.

Mais, les Anglais ayant une escadre à la côte de Coromandel, sous le commandement de Boscawen, et un grand nombre de troupes, la compagnie anglaise résolut d'employer ces forces dans les guerres des princes du pays, dans la vue d'augmenter ses possessions et d'étendre son commerce.

Divicoté, port de mer appartenant au roi de Tanjaour, fut emporté. Ce roi, n'ayant pas lieu de s'attendre à une pareille hostilité, n'avait fait aucun préparatif qui pût mettre cette place (1) en état de défense.

Le roi de Tanjaour implora les secours des Français ; Dupleix s'y refusa, ne croyant pas qu'il pût manquer à ce qui lui était prescrit alors par la suspension d'armes.

Cependant les Anglais, moins jaloux de tenir l'exécution des traités, se liguèrent avec Anaverdikan, nabab d'Arcate, qui s'avança, à la tête d'une armée nombreuse, à Gingy, distant de quinze lieues de Pondichéry.

______

(1) Cette place est située à l'embouchure du Colram, qui offre une navigation facile à de petits bateaux jusqu'au centre du Maissour.

C'est dans ces circonstances que Chandasaëb fit faire des propositions d'alliance à Dupleix.

Ce prince, allié des nababs précédens, qui, par ses exploits et sa jonction avec Mouzaferzingue, légitime souba du Dekan, avait acquis une grande réputation dans le Carnate, parut à Dupleix le compétiteur le plus en état d'écarter Anaverdikan, et de rendre les intrigues des Anglais infructueuses.

Dupleix fit donc avec Chandasaëb un traité (13 juillet 1749), dont les bases furent que ce prince prendrait des troupes françaises à sa solde, qu'il recevrait de la compagnie française tous les secours nécessaires pour le soutien de ses droits au gouvernement d'Arcate, et qu'il céderait à la compagnie le district de Villenour avec ses dépendances.

Aussitôt après, ce gouverneur (Dupleix) fit partir le comte d'Auteuil à la tête d'un corps de deux mille Cipayes et d'environ deux cents soldats européens.

Lorsque le comte d'Auteuil arriva sur la frontière d'Arcate, il trouva l'armée de Mouzaferzingue réunie à celle de Chandasaëb, pour chasser de cette province Anaverdikan. Celui-ci, désespérant de pouvoir se défendre dans

Arcate, avait abandonné cette place, et s'était retranché au pied de la montagne d'Amour, dans l'espoir qu'on n'oserait l'attaquer. Cependant ses retranchemens furent forcés, son armée mise en déroute ; il y fut tué lui-même, et Mafouskan, son fils aîné, fait prisonnier.

Les vainqueurs marchèrent droit à Arcate, où ils entrèrent sans résistance. Chandasaëb fut installé dans cette capitale par le souba lui-même, qui le fit reconnaître pour nabab d'Arcate par tous ses sujets.

Chandasaëb fut reconnu pour nabab légitime par les Anglais mêmes (1) ; ils firent plus, puisque le commissaire anglais (Saunders) offrit (2) à Chandasaëb sa médiation pour traiter avec Mahamet-Alikan , deuxième fils d'Anaverdikan.

Ces faits donnèrent lieu à des discussions lors des conférences de Sadrats, tenues au commencement de 1754.

(1) Floyer, alors gouverneur de Madras, écrivit, à cette occasion, une lettre de félicitation à Chandasaëb, en lui demandant sa *protection* pour les Anglais.

(2) Lettre de Saunders, du 15 février 1754, et Réponse des commissaires français, du 7 mars même année.

Cependant Mahamet-Alykan s'était jeté dans Trichenapaly avec les débris de l'armée de son père. Dupleix conseillait de marcher droit vers cette place, ce qui aurait terminé la guerre; mais ses avis ne furent pas suivis. Les princes maures prirent pour prétexte la nécessité de laisser rafraîchir l'armée. On se rapprocha de Pondichéry.

Pendant le séjour que firent dans cette ville Chandasaëb et Mouzaferzingue , ce dernier prince renouvela, par un écrit de sa main, son alliance avec la France; il accorda à la compagnie la jouissance complète de Mazulipatnam et de toutes les terres qui en dépendaient, ainsi que celles du district de Bahour, composé de trente-six aldées (1).

Les preuves d'amitié et de confiance que donnait à la nation française Mouzaferzingue , souba du Dekan, excitèrent la jalousie des Anglais; l'amiral Boscawen s'empara de Saint-Thomé et de Méliapour. La première de ces places appartenait aux Portugais.

D'un autre côté, les Anglais sollicitèrent Nazerzingue d'aller attaquer son neveu Mouzaferzingue dans le Carnate.

(1) Lettre de Dupleix, du 15 octobre 1749.

Ce prince fut puni d'avoir cédé aux insinuations des Anglais ; car son camp fut forcé par les Français, et il perdit la vie (26 décembre 1750). Des lettres trouvées dans sa tente prouvèrent les intelligences qu'il avait avec nos ennemis pour faire faire le siége de Pondichéry.

La compagnie des Indes française, lors des plaintes qu'elle porta à la cour de Londres, au sujet des infractions au traité de paix, produisit ces pièces convaincantes, qui seules prouvaient que les Anglais étaient les véritables agresseurs dans les troubles du Carnate, et que Dupleix n'avait fait que se mettre en garde contre leurs intrigues, afin de prévenir la ruine totale du commerce des Français dans l'Inde.

Dans cet intervalle, Chandasaëb et Mouzaferzingue moururent.

Salabetzingue succéda à ce dernier dans ses états et dans son amitié pour les Français.

Dupleix s'adressa à ce nouveau souba pour être remboursé des avances qu'il avait faites jusqu'alors pour la solde de l'armée.

Salabetzingue, n'étant pas en état d'y satisfaire, fit expédier, en 1753, un paravana par lequel il nommait Dupleix gouverneur du Carnate, et lui en abandonnait les revenus en entier jusqu'à son parfait remboursement. Ces revenus formaient un objet de vingt-quatre millions.

Dans ces circonstances, la compagnie française se refusa non-seulement de se prêter à des vues d'agrandissement, mais d'envoyer des secours de troupes. Il en résulta que Mahamet-Alikan, ou, pour mieux dire, les Anglais, restèrent les maîtres de Trichenapaly et de la meilleure partie de la province, dont ils retiraient des sommes considérables.

Malgré les préventions de la compagnie française contre Dupleix, ce gouverneur avait à cœur la paix, qui seule peut vivifier le commerce; mais il voulait une paix solide, honorable pour la nation.

On voit dans les pièces justificatives produites lors du procès entre cet administrateur et la compagnie, les démarches que Dupleix n'avait cessé de faire pour rétablir la tranquillité dans le Carnate, soit auprès de Nazerzingue en 1750, soit auprès de Mahamet-Alikan en 1751, soit enfin auprès du gouvernement de Madras en 1752 et 1753.

Pendant ce temps, on travaillait en Europe à une pacification de l'Inde : on fit entendre à la

compagnie que le rappel de Dupleix était nécessaire ; ce rappel fut décidé !

Godeheu, ayant été nommé pour le remplacer, arriva à Pondichéry au mois d'août 1754.

Dupleix repassa en Europe. Nous ne suivrons
pas cet administrateur en France, où il arriva
l'année suivante. Les mémoires du temps,
dans lesquels sont réunies les réclamations de
Dupleix relativement à ses avances, qu'il faisait monter à 7,022,196 fr., et le refus de la
compagnie d'y faire droit, offrent le monument
de l'injustice la plus criante et de l'ingratitude
la plus révoltante envers un sujet du Roi qui
avait porté au plus haut période, dans l'Inde,
le commerce et la gloire de la nation française.

DEUXIÈME ÉPOQUE.

Revers des Français dans l'Inde.

L'ADMINISTRATION de Godeheu, celle de Leyrit et de Lally, qui perdit l'Inde en 1761, forment une série continue de malheurs et de désastres.

Qui ignore les résultats funestes de la prise de Pondichéry en janvier 1761? Nous perdîmes tout ce que nous possédions aux côtes de Malabar, de Coromandel et d'Orixa.

On rejeta sur un général malheureux et inexcusable la honte de nos défaites ; on proscrivit sa tête. Cette terrible expiation ne pouvait pas arracher à l'ennemi les provinces dont il venait de nous dépouiller.

Alors, mais trop tard, on reconnut la faute que l'on avait faite de n'avoir pas suivi le système de Dupleix, qui consistait dans l'influence d'une existence politique sur le commerce.

Loin de là, les idées de cet administrateur furent traitées de chimères ; ses projets, mal appréciés, furent rejetés ; un système étroit et pusillanime avait prévalu. Une basse jalousie lui avait excité des rivaux, ou plutôt des ennemis, et les Anglais, profitant des leçons de ce grand homme, sont parvenus au point de grandeur où ils sont montés. *Gloire à celui qui les en fera descendre !*

Nous pourrions parcourir l'histoire des nations qui, ayant des établissemens dans l'Inde, les ont vus s'affaiblir pour s'être écartées du système de Dupleix.

Ainsi les Portugais conservèrent leur puissance tant qu'ils unirent l'*existence politique* à celle du commerce ; ainsi les Danois, n'ayant pas soutenu leur commerce par la politique, n'eurent que le sentiment de leur faiblesse.

Si les Hollandais ont maintenu leurs établissemens dans l'Inde, c'est plutôt par la facilité de défendre leurs îles que par leurs propres forces.

Après le paix de 1763, nous aurions pu réparer nos échecs ; mais, faute de secours, M. de Bellecombe, malgré sa courageuse résistance, ne put empêcher Pondichéry de retomber au pouvoir des Anglais.

Enfin la réoccupation de cette place par les Français, après la paix de 1783, pouvait former une nouvelle ère ; mais, par une fatalité malheureuse, Pondichéry ayant été dégarni de troupes en 1788, cette place d'ailleurs n'ayant été ni suffisamment fortifiée, ni secourue à temps, est devenu une proie facile pour nos ennemis en 1793 (23 août).

Voilà bientôt vingt-trois ans (1) que nous en sommes exclus ; on ne peut regarder comme une prise de possession l'arrivée des Français à Pondichéry, d'après le traité *éphémère* d'Amiens, du 25 mars 1802 ; car à peine nos troupes eurent-elles mis pied à terre, qu'elles furent obligées de céder à la force.

Ces événemens ne fourniraient-ils pas la preuve qu'en Asie, plus que partout ailleurs, les négociations n'ont d'effet qu'en raison de la puissance ?

(1) Ceci est écrit en mai 1816.

On en jugera par le rapprochement des moyens employés, après la paix de 1783, pour la reprise de possession de nos établissemens dans l'Inde.

TROISIEME ÉPOQUE.

Rétrocession des Etablissemens français dans l'Inde après la paix de 1783.

Les succès des Bussy et des Suffren dans l'Inde, en 1782 et 1783, avaient fait espérer que le ministère d'alors effacerait les fautes qu'avait entraînées le traité de Paris de 1763 ; que le rétablissement du commerce de la nation française dans cette partie de l'Asie en serait le résultat. Combien l'on fut désabusé ! Nous allons rapporter les faits.

Les articles du traité de Versailles (3 septembre 1783), relatifs à l'Inde, sont les XIII, XIV et XV.

Ces articles portent :

Art. **XIII.** *Restitution à la France de tous les établissemens qui lui apparte-*

naient au commencement de la présente guerre, sur la côte d'O- rixa et dans le Bengale.

Liberté d'entourer Chander- nagor d'un fossé pour l'écoule- ment des eaux.

Assurance d'un commerce li- bre dans cette partie de l'Inde, comme sur les côtes d'Orixa, Coromandel et Malabar, tel que le faisait la compagnie française, soit que ce commerce se fasse par une compagnie ou par des parti- culiers français.

Art. XIV. *Pondichéry et Karikal rendus ; le roi d'Angleterre procurera, pour servir d'arrondissement au pre- mier, les deux districts de Vela- nour (1) et Bahour, et les quatre magans qui avoisinent le second.*

Art. XV. *Restitution de Mahé aux Français, et de leurs comptoirs à Surate ; le commerce qu'ils feront dans*

(1) D'autres écrivent *Villenour.*

cette partie sera d'après les prin-cipes de liberté, sûreté *et* indé-pendance *de l'art.* XIII.

Le 17 novembre 1783, le traité définitif fut adressé à M. de Bussy, qui commandait dans l'Inde (1). Le traité ne fut accompagné d'aucune instruction. M. de Bussy fut seulement chargé de faire chanter le *Te Deum.* Ce général reçut le traité le 16 juin 1784 : ce fut M. de Cipière, commandant la frégate *la Précieuse,* qui le lui remit.

M. de Bussy voulut s'occuper de suite de la rétrocession ; mais le gouvernement de Madras établit des *préalables* qui retardèrent l'exécution du traité.

En attendant, le ministère français s'occupait des dispositions provisoires.

On prévint (2) M. de Bussy que dorénavant le gouvernement de l'Inde serait réuni à celui des Iles de France et de Bourbon, sans songer peut-être que la première de ces îles est éloignée de Pondichéry de quinze cents lieues au

______

(1) M. de Bussy était rentré dans Pondichéry en mars 1783, quoique nous fussions alors en état de guerre.

(2) Le 29 août 1784.

moins, et que, pendant une partie de l'année, toute navigation est interdite entre ces deux points.

Quoi qu'il en soit, M. de Souillac devait remplacer M. de Bussy.

On autorisa M. de Souillac à répartir les troupes de l'Inde. Il devait renvoyer en France celles du département de la guerre, à l'exception du détachement d'artillerie de ce ministère. L'artillerie des colonies et le régiment de l'Ile-de-France furent également exceptés.

On adressa à cet officier une ordonnance du 15 août 1784, portant formation d'un bataillon de Cipayes, composé de six cents hommes, devant fournir des détachemens à Karikal, Mahé et Chandernagor.

On lui fit passer un état des commandans particuliers dans ces divers établissemens ; on lui adressa enfin un second état des officiers d'administration (1).

Mais le reversement de la *mousson* ne permit pas à la corvette *la Subtile*, qui portait ces or-

____

(1) On y trouve le nom de M. Moracin, comme ordon-nateur de l'Inde.

dres , de partir de l'Ile-de-France avant le 15 mars 1785.

Dans cet intervalle , M. de Bussy mourut à Pondichéry (le 7 janvier 1785).

M. Coutenceau, ayant pris le commande-ment par *interim*, s'occupa des rétrocessions. Pondichéry fut rendu le 1.er février 1785 , par M. Floyer , commissaire anglais , chargé de pouvoir de mylord Macartney.

Il s'éleva une discussion relativement aux sept joukans (1) dépendans de Villenour.

M. Coutenceau les réclamait en vertu de l'article xiv du traité de paix , portant que les districts de Villenour et de Bahour seraient procurés à la France pour servir d'*arrondisse-ment* à Pondichéry. Ces districts devaient nous

(1) *Joukans* ou *joncans*. Ce sont des droits qui se per-çoivent aux environs de Pondichéry par le nabab d'Arcate , ou plutôt par la compagnie anglaise ; savoir :

Le joukan de Pondichéry.

Celui de Villenour.

— de Valdaour.

— de Kerguenamapan.

— de Pouharcovil.

— de Condour.

— de Tirouvicare.

être rendus sur le pied où ils étaient en 1754 : or, à cette époque, Villenour comprenait les sept joukans.

Mylord Macartney ayant prétendu que les sept joukans dépendaient de *Valdaour*, et non de Villenour, les commissaires en référèrent à leurs cours respectives.

M. de Souillac arriva à Pondichéry le 20 mai 1785 : il trouva bien des choses à faire.

Les casernes étaient insuffisantes pour loger les troupes qui arrivaient : il fut obligé d'en placer hors l'enceinte de la ville.

L'arrivée de ces troupes (au nombre de trois mille six cents hommes) fit la plus grande sensation dans l'Inde ; les Anglais en conçurent des craintes, et les Indiens l'espoir d'être délivrés du joug de ces derniers.

Une des premières opérations de M. de Souillac fut de donner des ordres pour recreuser les fossés indispensables dans la partie de l'ouest.

Cet officier fit parvenir à M. Dangereux, à Chandernagor, l'ordre du Roi, du 29 août 1784, qui l'établissait agent de la nation française pour le commerce au Bengale. Il écrivit en même temps à MM. du conseil suprême de Calcutta, pour les prévenir que M. Dangereux avait les pouvoirs nécessaires pour la reprise de nos établissemens dans cette partie.

M. de Souillac a retracé (1) l'état dans lequel il trouva Pondichéry, ainsi que les autres comptoirs. Nous allons présenter cet état, ainsi que les accroissemens qu'ils ont subis jusqu'au commencement de la guerre, en 1793.

PONDICHÉRY.

Le recensement des habitans de Pondichéry, fait après la prise de possession, en 1785, porte la population de la ville noire et de la banlieue à 27,000 âmes, sans compter les blancs et tau-pas, qui montaient à 1800, et sans comprendre la garnison, qui était de 3,600 hommes ; en tout 32,400.

Malgré l'évacuation de cette ville, en 1788, la population s'était accrue, et pouvait s'élever, au commencement de la guerre, à 40 mille âmes.

(1) Lettre du 15 septembre 1785, n.° 15.

Les districts de *Villenour* et de *Bahour*, qui forment l'arrondissement, avaient infiniment souffert pendant la guerre; leur population se réduisait à six mille âmes, et le nombre de charrues (1) à six cent quatre-vingt-quatre.

Indépendamment des bœufs destinés au labourage, on pouvait compter sur 25 mille vaches, ou veaux, ou buffles en troupeaux dans les districts de Villenour et de Bahour, savoir 10 mille dans l'un, et 15 mille dans l'autre. Ces bœufs ne sont guère propres à traîner l'artillerie et à servir en campagne. C'est du nord qu'il faut les tirer.

Les revenus de Pondichéry, de la banlieue et des deux districts s'élevaient, en 1785, seulement à 165,000 francs. En 1789, ils ont été portés à 450,000 francs, déduction faite des frais de régie; et, en 1791, ils étaient de 1,680,140 francs, en y comprenant les revenus de Karikal, de Yanaon, et le produit de l'opium.

Les dépenses, à la même époque (1791)

____

(1) Le nombre de charrues forme la richesse des habitans. Chaque charrue comporte deux paires de bœufs.

se montaient à 883,374 francs; en sorte que la recette excédait la dépense de 796,766 francs.

L'arrêt du conseil du mois d'avril 1785, qui créait une nouvelle compagnie des Indes, porta un coup mortel à Pondichéry : il y eut à ce sujet des représentations de la part de ses habitans (1).

Pondichéry est tombé au pouvoir des Anglais le 23 août 1793.

La dépense pour relever les fortifications devait se monter à 2,161,500 fr. , et encore eût-il été possible, avec moins, de mettre cette place à l'abri des incursions de l'ennemi. Il suffisait de 1,900,000 fr. ; on en avait dépensé 1,400,000 lorsqu'on évacua volontairement Pondichéry, en 1788. Que l'on réfléchisse bien à une aussi petite économie pour des intérêts aussi majeurs !

KARIKAL.

Karikal est une possession utile. Cette ville et la banlieue ont beaucoup souffert par les dé-

(1) Mémoire du 26 février 1786.

vastations et les mortalités que la guerre de 1778 a occasionnées. Il est à craindre que les mêmes horreurs n'aient eu lieu pendant la guerre dernière.

La population de Karikal s'élevait, en 1778, à quatre cent huit familles ; elles étaient réduites, en 1785, à cent quarante-cinq. On ne comptait plus que trois cent seize coulis ou mercenaires, au lieu de dix-huit cent vingt-un qui existaient avant la guerre.

Les quatre manganans ou districts qui nous avaient été cédés, et qui avaient été réunis aux quatorze aldées formant l'ancien territoire de Karikal, ont fait de cet établissement un objet intéressant. Leur population s'élevait à quatre mille âmes ; la culture employait mille charrues.

Le terrain de ces quatre districts est bien supérieur à l'ancien territoire, et il est susceptible d'amélioration. Le produit, joint à celui des quatorze aldées et des douanes, peut s'élever de 450 à 500,000 francs. M. de Souillac faisait observer que l'on s'était trop pressé de rétablir les droits anciens, et surtout d'établir la ferme du bétel et du tabac, ce qui avait forcé les habitans de se retirer chez les Anglais et chez les Danois. Ce n'est (ajoutait-il) que par beaucoup de modération et d'encouragemens que l'on peut parvenir à augmenter la population dans les différentes aldées de Karikal. La grande aldée surtout en exige beaucoup ; ses manufactures étaient considérables, et ont monté jusqu'à *cent mille pagodes* ou 750,000 fr. de débit (la pagode courante valant 7 fr. 50 c. de France).

YANAON.

Les dépenses du comptoir d'Yanaon, situé sur la côte d'Orixa, sont à peu près couvertes par les produits du petit territoire de cet établissement.

C'est dans cette partie que se fait le grand commerce des toiles du nord. Yanaon fournit abondamment du sel.

Mazulipatnam n'a qu'une loge sans revenus. L'objet du chef ne concerne que le commerce.

BENGALE.

Chandernagor, situé à cinq cents lieues au

nord de Pondichéry, est le chef-lieu de nos établissemens au Bengale.

A la paix de 1783, ce fut M. Dangereux qui fut chargé de la direction de cet établissement. Après bien des lenteurs sur l'exécution des restitutions prescrites, il s'éleva des débats sur différens points ; quelques-uns furent renvoyés à la décision des cours respectives ; quelques autres consentis ou modifiés entre le commissaire français et le commissaire anglais (John Wilson), mais ensuite désavoués par MM. de Souillac et Cossigny.

Ces difficultés ont été aplanies par la convention signée à Versailles le 31 août 1787, par MM. de Montmorin et Eden.

Pour prendre une idée juste des principes qui ont dirigé les demandes et les réponses dans le conflit des prétentions, nous croyons devoir rappeler les principaux points de contestations ; ce sont :

1.° La maison de Gharatty, dans le voisinage de Chandernagor ;

2.° Le dénombrement des comptoirs français dans lesquels le pavillon devait être arboré ;

3.° Les droits d'importation et d'exportation au Bengale ;

4.° Le commerce libre du sel.

5.° La visite des bâtimens;

6.° L'exportation du salpêtre et de l'opium.

Les conditions de cette convention sont d'autant plus dures , qu'elles nous enlèvent le droit illimité que nous avons par l'article XIII du traité de 1783, de faire le commerce de l'Inde , ainsi qu'en usait l'ancienne compagnie française, c'est-à-dire d'une manière *libre*, *sûre et indépendante*.

Par cette convention , nous sommes restreints :

1.° A une importation au Bengale de deux cent mille mans de sel (1), au prix de 120 roupies par chaque man (*art. II*);

2.° A une livraison de dix-huit mille mans de salpêtre (*art. III*);

3.° A l'extraction de trois cents caisses d'opium (2), payables d'après les prix établis avant la guerre de 1778 (*art. III*).

(1) Le *man* équivaut à soixante-quinze livres pesant.

(2) Nous payons la caisse 300 roupies.

Les droits d'importation et d'exportation à percevoir sur les rives du Gange ne sont pas stipulés dans cet acte, non plus que la visite que les Anglais prétendent avoir droit de faire sur les bâtimens français. Ce silence nous suscitera sans cesse des querelles de la part des commandans des postes anglais. Il importe donc de s'étayer d'une lettre écrite dans le temps par le ministère britannique à mylord Cornwallis, gouverneur de Calcutta, et transmise le 12 novembre 1787, par lord Eden, ambassadeur d'Angleterre en France, à M. de Montmorin, alors ministre des affaires étrangères ; dépêche dans laquelle du moins les procédés étaient observés.

Mais aussi, il serait bien important que les commissaires français eussent les connaissances locales, celles de notre existence politique et de nos ressources au Bengale. Il serait nécessaire surtout qu'ils sussent parler et écrire l'anglais : ce serait le moyen d'avoir avec le conseil suprême de Calcutta, et avec les autres autorités, des liaisons qui leur assureraient des égards et une sorte de considération. N'a-t-on pas vu des gouvernemens, despotes par caprice ou par mauvaise humeur, souvent généreux par orgueil ou par penchant, contester un droit ou

(51)

une jouissance à l'homme qu'ils n'ont jamais
vu ni connu , et les accorder à celui qui aura
le talent d'inspirer et de cultiver des dispositions bienveillantes?

« *In vitium ducit culpœ fuga , si caret arte.* »
HORACE, Art poét.

CONCLUSION.

Nous avons rappelé quels sont les droits de la nation française dans l'Inde, à quelles conditions nous avons acquis les établissemens que nous y possédons ; nous avons retracé les succès que nous avons obtenus sous le gouvernement de Dupleix, les revers que nous avons éprouvés après le remplacement de cet administrateur ; nous avons enfin mis sous les yeux du lecteur les actes relatifs à la rétrocession de nos possessions d'Asie, après la paix de 1783.

Il résulte de ces renseignemens que, pour nous soutenir avec distinction dans l'Inde, il serait nécessaire d'adopter un système tendant à maintenir et à étendre notre commerce par une *existence politique*, à soutenir les princes indiens contre l'ambition des Anglais.

C'est pour avoir perdu de vue cette marche, suivie avec succès depuis 1742 jusqu'en 1754, que nous avons été privés de tout ce que nous possédions aux côtes de Malabar, de Coromandel et d'Orixa ; tandis que les Anglais, pour avoir suivi les leçons de Dupleix, sont parvenus au point de grandeur où ils sont montés.

Ombres des Dupleix, des La Bourdonnais, sous votre administration, la guerre, ce funeste fléau, ne servit qu'à faire éclater le courage français et la gloire des armes de la nation ! Madras fut pris, Pondichéry défendu, nos conquêtes conservées, sans que le citoyen en ressente autre chose qu'un bien-être plus étendu !

Quelles ont donc été les causes qui depuis ont désolé ce beau climat ?

Ah ! si l'on connaissait tous les malheurs qui sont résultés de la prise de Pondichéry en 1761, et de l'abandon de cette place en 1788, en pleine paix, quelle est l'âme sensible qui n'en gémirait point ?

Le 8 février 1799, on a vu des pères de famille, des négocians, enlevés à ce qu'ils avaient de plus cher, jetés, sans égard pour les infirmités de plusieurs d'entre eux, sur le vaisseau *le Triton*, et transportés en Europe malgré la capitulation du 23 août 1793 ; nous avons vu arriver en France (au mois d'octobre 1799, ces malheureux habitans de

Pondichéry , victimes de cette proscription , implorer le secours du gouvernement d'alors , à qui il ne fut jamais possible de les consoler de l'outrage qu'ils avaient essuyé par suite de la violation des lois de toutes les nations civilisées !

Si , à l'occasion des recherches et des renseignemens que nous offrons à la méditation du lecteur , quelqu'un nous reprochait la liberté avec laquelle nous les avons présentés , nous répondrions par ce passage de Cicéron : « *Sunt domesticæ fortitudines non inferioribus* « *militaribus* » (Offic. , lib. 1) ; nous nous placerions, avec plus de confiance encore, sous l'égide de ce bon prince dont on cherchait à aigrir l'esprit contre l'auteur d'un livre où beaucoup de secrets étaient révélés : ce prince répondit : « Je ferais conscience de fâcher un « homme pour avoir dit la vérité ». Espérons que les descendans de Henri IV suivront sa maxime.

APPENDICE.

Commerce de l'Inde sous le régime des Compagnies.

L'IDÉE avantageuse que j'ai cherché à inspirer pour l'administration de Dupleix pouvant faire croire que le système de l'ancienne compagnie des Indes était, sous tous les rapports, favorable à la France, j'ai cru devoir rappeler succinctement quelle a été l'influence de cette compagnie relativement au commerce. Le lecteur saura apprécier les motifs que je fais valoir pour le *régime de la liberté*, dont les résultats justifient cette maxime : « *Protectione et liber-* « *tate quò non commercium !* » (1)

Pourquoi, en effet, la protection et la liberté, qui sont l'essence du commerce, qui lui donnent

(1) Avant la révolution, on lisait cette inscription au pied du grand escalier de la Bourse de Bordeaux.

toute l'extension dont il est susceptible, ne pourraient-elles pas se concilier avec une existence politique digne de la nation française?

Quoi qu'il en soit, examinons le système de l'ancienne compagnie des Indes relativement au commerce.

On sait que l'époque de l'établissement de la compagnie des Indes remonte à 1664 (1). Elle fut formée par Colbert, d'après des bases qui semblaient devoir en assurer le succès. Cependant les priviléges et les avantages qui lui furent accordés ne purent empêcher sa ruine.

Le chef-lieu de cette compagnie fut d'abord établi à Surate. Les entraves que le gouvernement despotique du pays mettait aux opérations de la compagnie en firent transférer le siége à Pondichéry. On acheta du roi de Gingy le territoire sur lequel est bâtie cette ville.

En 1693, Pondichéry tomba au pouvoir des Hollandais; la compagnie, anéantie par ce seul échec, fut forcée de céder son privilége à des négocians de Saint-Malo : ceux-ci ne furent pas heureux.

____

(1) Histoire de la Compagnie des Indes, par *Francheville*; Paris, 1738; in-4.e On y trouve l'édit du mois d'août 1664.

Le commerce de l'Inde était à peine digne de ce nom, lorsqu'une nouvelle compagnie des Indes fut formée en 1719, d'après le système de Law, qui séduisit alors tous les esprits.

Par l'édit de création (1), S. M. accorda à cette compagnie tous les droits régaliens. Les priviléges qu'elle cumula semblaient devoir la faire prospérer et l'élever au-dessus des compagnies hollandaise et anglaise, ses rivales; mais les résultats infructueux prouvèrent que toute compagnie privilégiée est tôt ou tard condamnée à trouver dans sa propre constitution la cause de son anéantissement; et cependant on n'a pas craint, dans la suite, de remettre en question (2)

(1) Edit du mois de mai 1719. *Voyez*, pour les motifs, l'Histoire des Indes orientales par *Guyon*, tom. 3, page 196 et suivantes.

(2) Défense du privilége en 1769 et en 1785. Attaqué par les Morelet et les Lacretelle, on aurait cru qu'il était difficile d'ajouter aux réponses victorieuses de ces deux écrivains. Cependant M. Blancard, dans son *Manuel du Commerce des Indes orientales*, a de nouveau traité avec la plus grande sagacité cette question : « *Si le rétablisse-* « *ment d'une compagnie exclusive pour le commerce des* « *Indes et de la Chine serait avantageux ou contraire au* « *bien général.* » Nous invitons de recourir à l'ouvrage même. Paris, 1806; in-fol.

un problème que l'expérience de plus d'un siècle devait faire regarder comme une chose essentiellement vicieuse.

En effet, que peuvent répondre les partisans du privilége exclusif à l'obligation où se serait trouvée la compagnie en 1747, de se voir réduite à abandonner son privilége, sans la bienfaisante médiation de S. M., qui lui fit don d'une somme de cent quatre millions, dont la rente, fixée à neuf millions, fut hypothéquée sur la ferme du tabac? D'un autre côté, le génie de Dupleix lui avait ménagé des ressources; ce grand homme avait pressenti que l'existence de la compagnie dépendait des revenus qu'elle pourrait s'assurer dans l'Inde même, lesquels, en couvrant les frais énormes de ses établissemens, la rendraient moins dépendante des événemens et assureraient son commerce. Ce fut d'après ce système, dont on ne saurait trop admirer la sagesse et la profondeur, que Dupleix régla ses opérations, et qu'il parvint à procurer à la compagnie un revenu territorial d'environ *dix millions*, et cependant l'intrigue, la jalousie, concoururent à faire rappeler celui qui fut l'âme et la vie de la compagnie. Nous avons dévoilé ailleurs cet excès d'ineptie et de fausse politique (1), qu'on appela une disgrâce.

Ce rappel présagea la destruction de la compagnie, qui se trouva, en 1763, hors d'état de continuer son commerce ; le contrat de neuf millions de rente suffit à peine pour payer l'intérêt de ses engagemens ; les revenus de l'Inde disparurent par la prise de ses bâtimens, et il fallut songer à de nouveaux emprunts.

Telle était la situation déplorable de cette compagnie, lorsque le Roi se détermina à suspendre son privilége en 1769 (2) ; la liberté du commerce, depuis si long-temps désirée, fut enfin accordée au vœu du public.

Dès-lors les négocians des ports s'empressèrent à l'envi d'armer pour l'Inde, et, malgré la concurrence, ils eurent assez de succès pour prouver les inconvéniens du monopole. L'Etat y gagna, puisqu'au lieu de payer à une compagnie exclusive un droit de 5o fr. par tonneau

(1) *Voyez* page 32 de cet écrit ; *voyez aussi* Harmonies maritimes et coloniales, pages 35 et 66.

(2) Edit du Roi, du 13 août 1769.

d'exportation , et 75 fr. pour ceux d'importation , les particuliers payèrent des droits qui
augmentèrent les revenus du trésor public. Il
résulta de ce nouveau système des avantages
que l'on ne peut trop apprécier, en ce que la
navigation de l'Inde forme des matelots et
procure un débouché des marchandises du
royaume; en sorte que les exportations excé-
dèrent du double celles que le commerce de la
compagnie procurait auparavant.

En effet, on sait que, dans la plus grande
prospérité de la compagnie, les armemens pour
l'Inde se bornaient à huit vaisseaux , dont trois
pour la Chine, trois pour le Bengale, deux
pour Pondichéry, à quoi l'on peut ajouter deux
bâtimens pour les îles de France et de Bourbon,
tandis que le nombre de vaisseaux expédiés par
le commerce libre depuis 1769 à 1785 s'est
monté à 340, jaugeant 148,945 tonneaux , ce
qui donne , année moyenne , 21 bâtimens et
9,309 tonneaux. « *Omnia quæ dico de Plancio ,*
« *dico expertus in nobis.* » Cic., pro Plancio 22.

Malgré des résultats aussi concluans en faveur de la liberté du commerce, comment a-t-on
pu se déterminer à rétablir une compagnie exclusive ?

Voyons cependant les motifs de l'arrêt (1).

On lit dans le préambule :

1.° Que le commerce particulier était désavantageux au commerce de France.

2.° Que les produits des manufactures de France se vendaient à vil prix dans l'Inde.

3.° Que le défaut d'assortimens dans ces marchandises ne donnait pas une idée favorable des objets de l'industrie française.

4.° Que cette compagnie n'étant plus sujette aux frais d'une administration et d'établissemens civils et militaires, son commerce devait être plus avantageux.

5.° Enfin que cette compagnie, jouissant de la protection du Gouvernement, ne pouvait manquer de donner une extension considérable à son commerce.

Il était aisé de répondre :

1.° Que le commerce libre de France dans l'Inde n'avait pas été désavantageux aux particuliers, par conséquent à la métropole, puisqu'il a été fait avec plus d'ardeur, tandis que le privilége de la compagnie a été suspendu.

(1) Arrêt du conseil portant création d'une nouvelle compagnie, du 14 avril 1785.

2.º En consultant les armateurs , on se serait convaincu qu'il n'y avait pas eu vilité dans le prix des marchandises d'Europe.

3.º Que les assortimens avaient été les mêmes pour les particuliers et pour la compagnie, puisqu'ils avaient le même objet, et qu'ils l'avaient également rempli.

4.º Que les particuliers étant affranchis des frais d'administration d'une manière plus certaine qu'une compagnie, leurs bénéfices doivent être d'autant plus grands.

5.º Enfin que la même protection qui devait rejaillir sur la compagnie serait accordée aux armemens particuliers , et que ceux-ci seraient plus susceptibles d'en profiter que la première, en ce que la marche lente et monotone des corporations mercantiles est souvent contrariée par les circonstances.

On pouvait ajouter que le commerce particulier a lieu , en grande partie , avec des objets d'échange , ce qui emploie nos objets manufacturés , et s'oppose à la sortie de l'argent. D'ailleurs , en supposant que chaque bâtiment particulier ne rapporte pas de l'Inde un chargement proportionné à celui des bâtimens de la compagnie, qu'importe à l'Etat si les armemens procurent en total une plus grande importation en France?

C'est ce qui est arrivé pendant le court exercice du commerce libre. On voit, d'après des états authentiques, que le commerce particulier, pendant les six années de vente les plus fortes (depuis 1771 à 1776), a élevé ses importations à 22 millions par an, tandis que, dans les temps les plus prospères, l'ancienne compagnie n'avait pu élever les siennes qu'à 17 millions. Ainsi, sous tous les rapports, le commerce libre a eu un grand avantage sur celui de la compagnie (1).

----

(1) Lors de la discussion sur les avantages ou les inconvéniens du système des compagnies, il a paru une foule d'écrits, parmi lesquels on a remarqué les suivans :

Mémoire sur la situation actuelle de la Compagnie des Indes, par l'abbé *Morellet*; 1769.

Mémoire à consulter, et Consultation pour les Négocians faisant le commerce des marchandises de l'Inde, par *Lacretelle*; 1786.

Consultation pour les Actionnaires de la Compagnie des Indes, rédigée par *Hardoin*; 1787.

Le lecteur trouvera d'ailleurs l'indication de tous les écrits pour et contre le privilége des compagnies dans un ouvrage qui a pour titre : *L'Inde en rapport avec l'Europe,*

par Anquetil-Duperron, 1798, 2 vol. in-8.º. Il serait difficile de rassembler plus de matériaux que ne l'a fait cet
auteur; et quoiqu'il penche en faveur du privilége, nous
nous plaisons à rendre justice à ses bonnes intentions.

En indiquant ces ouvrages, nous croyons remplir un
devoir, et surtout prouver que nous avons eu bonne raison quand nous avons dit qu'ils *suppléeront à tout ce
qui manque à notre travail.* « *Supplebunt quodcumque
deest.* »

FIN.